〔南宋〕林洪撰

山家清供

附山家清事

上册

廣陵書社

中國·揚州

圖書在版編目（ＣＩＰ）數據

山家清供 : 附山家清事 / (南宋) 林洪撰. -- 揚州: 廣陵書社, 2023.6

（清賞叢書）

ISBN 978-7-5554-1976-1

Ⅰ. ①山… Ⅱ. ①林… Ⅲ. ①烹飪－中國－南宋②菜譜－中國－南宋 Ⅳ. ①TS972.117

中國國家版本館CIP數據核字(2023)第108131號

山家清供 附山家清事

撰者 〔南宋〕林洪
責任編輯 方慧君
出版人 曾學文
出版發行 廣陵書社
社址 揚州市四望亭路2-4號
郵編 二二五〇〇一
電話 （〇五一四）八五二二八〇八一（總編辦）
八五二二八〇八八（發行部）

微信二维码

微博二维码

印刷 揚州文津閣古籍印務有限公司
版次 二〇二三年六月第一版
印次 二〇二三年六月第一次印刷
標準書號 ISBN 978-7-5554-1976-1
定價 壹佰貳拾捌圓整（全二册）

http://www.yzglpub.com E-mail:yzglss@163.com

清賞叢書序

現代生活多姿多彩，而閱讀是一場永恒的心靈之旅；傳統文化包羅萬象，而經典是一泓不朽的精神源泉。傳統經典中既有莊重典雅的經史著作，也有温柔敦厚的詩詞文集，還有許多別具風格的藝術小品，如涓涓清泉，汩汩流淌，清新雅致，妙趣横生，賞讀品玩，回味無窮。于是我們彙集此類典籍，編爲《清賞叢書》，希望打造一套與《文華叢書》相得益彰的經典叢書，讓喜好傳統文化的讀者，享受古典之美，欣賞風雅之樂。

清新脱俗，是謂清；賞心悦目，是謂賞。這套《清賞叢書》的宗旨，就是擷取古人所稱清玩之物、清雅之言，以藝術賞鑒和生活消閑類作品爲主，内容包括品鑒、養生、園藝、書畫、飲食等。仍采用宣紙綫裝的形式，經典内容與傳統形式珠聯璧合，古樸雅致，韵味無窮。

『林泉到處資清賞，翰墨隨緣結古歡。』一册在手，可品紅塵之閑趣，發思古之幽情。恍若置身古人的心靈家園，領悟經年纍月積澱的人生智慧，如品佳釀，如沐春風，喜悦自心而生，感悟隨時而長。

廣陵書社編輯部

二〇一八年七月

出版説明

《禮記・禮運》載：『飲食男女，人之大欲存焉。』飲食文化是中華傳統文化的重要組成部分，源遠流長，博大精深。在流傳下來的諸多食譜、食單、養生秘訣等著作中，古人或隨節氣時令享用蔬果鮮味，或依照典籍中的記載調息養生，或呼朋引伴宴飲爲樂，無不體現他們的生活智慧和審美品位。宋代在中國古代飲食文化史上佔有特殊地位，出現了諸多介紹菜譜和烹飪技術的專著，《山家清供》正是其中的一種。『山家』即山居人家，『清供』意爲招待客人的清淡蔬食。

本書作者林洪，生卒年不詳，約生活于南宋中後期，字龍發，號可山，福建泉州人（一説爲湖州德清人）。除《山家清供》外，林洪還著有《山家清事》《西湖衣鉢集》《茹草紀事》《文房圖贊》等。林洪自稱爲林逋七世孫，擅詩文，對園林、飲食都有一定的研究。

《山家清供》分爲上、下兩卷，共收録一百餘種餐點、飲品的製作方法。菜名清淡雅致，如『梅花湯餅』『蟹釀橙』『廣寒糕』等，别出心裁；如『冰壺珍』『東坡豆腐』等，將飲饌與名賢聯繫在一起。介紹每道菜品時還穿插所涉典故、詩文、時人評價等，如介紹『黄金雞』時，即援引李白的『盤中一味黄金雞』和『白酒新熟山中歸，黄雞啄黍秋正肥』詩句。林洪亦關注菜品的養生功效，如『紫英菊』條下載『益羹之，可清心明目』；『茶供』條先叙『煎服，則去滯而化食；以湯點之，則反滯膈而損脾胃』，可謂藥食同源。文中記載的菜譜多保留食材的自然本味，重視素食，爲瞭解宋代飲食文化和文人生活提供寶貴資料。

《山家清事》是林洪所撰文人雅士從陳設觀賞物品中獲得生活情趣的著作，側重介紹插花、種梅、養鶴、食豚等十餘種文士生活意趣。在『種梅養鶴圖記』中，林洪描繪了自己的生活美學，『環籬植荊棘，間栽以竹，入竹丈餘植夫容三百六十，入夫容餘二丈環以梅。又餘三丈，重籬外植芋栗果實，內重植梅……』令人閲後猶如置身于作者閑適精緻的生活空間。

此次整理出版，《山家清供》部分以一九三六年商務印書館出版《叢書集成初編》影印明萬曆刻《夷門廣牘》本爲底本，參校宛委山堂《説郛》本；後附《山家清事》部分以涵芬樓《説郛》本爲底本。遇有異文，擇善而從，個別文字據別本校改，不另加説明。酌作簡注，旨在呈現一個較爲通俗易懂的整理本。『人間有味是清歡』，本書邀請讀者與林洪一道，品味舌尖上的南宋，體會古代文人之風雅。

廣陵書社編輯部

二〇二三年二月

目録

上卷

附山家清事

上卷

青精飯

青精飯，首以此，重穀也。按《本草》[一]：南燭木，今名黑飯草，又名旱蓮草。即青精也。采枝葉，搗汁，浸上白好粳米，不拘多少，候一二時，蒸飯。曝乾，堅而碧色，收貯。如用時，先用滚水量以米數，煮一滚即成飯矣。用水不可多，亦不可少。久服延年益顏。仙方又有『青精石飯』，世未知『石』爲何也。按《本草》：用青石脂三斤、青粱米一斗，水浸三日，搗爲丸，如李大，白湯送服一二丸，可不飢。是知『石脂』也。

二法皆有據。第以山居供客，則當用前法。如欲效子房辟穀，當用後法。

每讀杜詩，既曰：『豈無青精飯，令我顔色好。』又曰：『李侯金閨彦，脱身事幽討。』當時才名如杜、李，可謂切於愛君憂國矣。天乃不使之壯年以行其志，而使之俱有青精、瑶草之思，惜哉！

注釋：

[一]《本草》：即唐代著名藥學家陳藏器所撰《本草拾遺》。

碧澗羹

芹，楚菜也，又名水英。有二種：荻芹取根，赤芹取葉與莖，俱可食。二月、三月作羹時採之，洗净，入湯焯過，取出，以苦酒研芝麻，入鹽少許，與茴香漬之，可作菹[一]。惟瀹[二]而羹之者，既清而馨，猶碧澗然。故杜甫有『青芹碧澗羹』之句。或者，芹，微草也，杜甫何取焉而誦咏之不暇？不思野人持此，猶欲以獻於君者乎[三]！

注釋：

[一]菹（音租）：腌菜。

[二]瀹（音月）：煮。

[三]此處借用『芹獻』典故，出自《列子·楊朱》，以『芹獻』自謙所獻之物菲薄、不足當意。

苜蓿盤

開元中，東宮官僚清淡。薛令之爲左庶子，以詩自悼曰：『朝日上團團，照見先生盤。盤中何所有？苜蓿長欄干。飯澀匙難滑，羹稀箸易寬。以此謀朝夕，何由保歲寒？』上幸東宮，因題其旁，曰『若嫌松桂寒，任逐桑榆暖』[一]之句，令之皇恐歸。

每誦此，未知爲何物。偶同宋雪巖[二]伯仁訪鄭埜野鑰，見所種者，因得其種並法。其葉綠紫色而灰，長或丈餘。採，用湯焯，油炒，薑、鹽隨意，作羹茹之，皆爲風味。

本不惡，令之何爲厭苦如此？東宮官僚，當極一時之選，而唐世諸賢見於篇什，皆爲左遷。令之寄思恐不在此盤。賓僚之選，至起『食無餘』之歎，上之人乃諷以去。吁，薄矣！

注釋：

[一]原詩題爲《續薛令之題壁》，前有『啄木嘴距長，鳳凰羽毛短』句。

[二]宋雪巖：即宋伯仁，字器之，號雪巖，一說爲浙江湖州人，南宋詩人。撰有《梅花喜神譜》等。

考亭蔊[一]

考亭先生[二]每飲後，則以蔊菜供。蔊，一出於旴江，分於建陽；一生於嚴灘石上。公所供，蓋建陽種。集有《蔊》詩可考[三]。山谷孫崿，以沙卧蔊。食其苗，云生臨汀者尤佳。

注釋：

[一]蔊（音旱）：一年生草本植物，莖葉作野菜或飼料，全草和種子入藥。

[二]考亭先生：即朱熹（一一三〇—一二〇〇），字元晦，號晦庵，婺源（今屬江西）人，南宋著名思想家、教育家。朱熹晚年遷居建陽考亭，故人稱『考亭先生』。

[三]朱熹曾作《公濟惠山蔬四種並以佳篇來貺因次其韻》，其中《蔊》詩：『靈草生何許？風泉古澗傍。褰裳勤採擷，枝箸嚏芳香。冷入玄根閟，春歸翠穎長。遙知拈起處，全體露真常。』

太守羹

梁蔡遵爲吴興守，不飲郡井。齋前自種白莧、紫茄[一]，以爲常餌。世之醉醲飽鮮而怠於事者視此，得無愧乎！然茄、莧性俱微冷，必加毛薑爲佳耳。

注釋：

[一]白莧、紫茄：比喻常吃尋常蔬菜，生活簡樸。

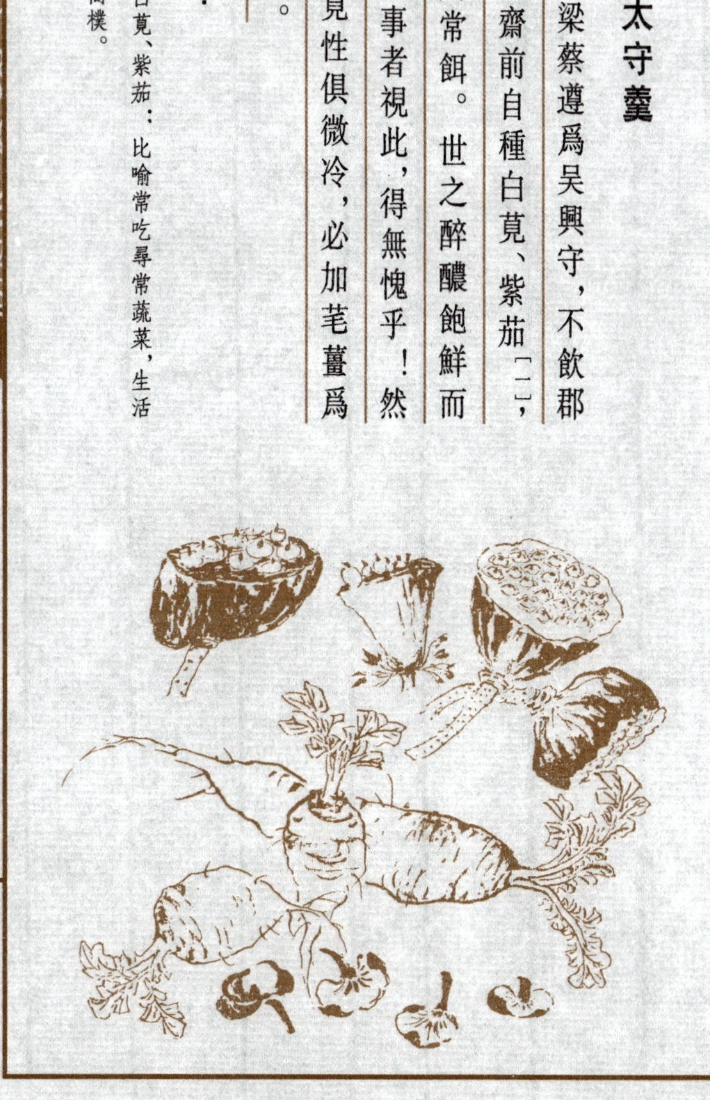

冰壺珍

太宗問蘇易簡[一]曰：『食品稱珍，何者爲最？』對曰：『食無定味，適口者珍。臣心知齏[二]汁美。』太宗笑問其故，曰：『臣一夕酷寒，擁爐燒酒，痛飲大醉，擁以重衾。忽醒，渴甚，乘月中庭，見殘雪中覆有齏盎。不暇呼童，掬雪盥手，滿飲數缶。臣此時自謂：上界仙廚，鸞脯鳳脂，殆恐不及。屢欲作《冰壺先生傳》記其事，未暇也。』太宗笑而然之。後有問其方者，僕答曰：『用清麵菜湯浸以菜，止醉渴一味耳。或不然，請問之「冰壺先生」。』

注釋：

[一]蘇易簡：（九五八—約九九六），字太簡，梓州銅山（今屬四川）人。北宋太平興國五年（九八〇）狀元，以文章知名，著有《文房四譜》《續翰林志》《蘇易簡集》等。

[二]齏（音基）：切碎的醬菜及肉等。

藍田玉

《漢・地理志》：『藍田出美玉。』魏李預每羨古人餐玉之法，乃往藍田，果得美玉種七十枚，爲屑服餌，而不戒酒色。偶疾篤，謂妻子曰：『服玉，必屏居山林，排棄嗜欲，當大有神效。而我酒色不絶，自致於死，非藥過也。』

要知長生之法，當能清心戒欲，雖不服玉，亦可矣。今法：用瓢一二枚，去皮毛，截作二寸方片，爛蒸，以醬食之。不須燒煉之功，但除一切煩惱妄想，久而自然神清氣爽。較之前法，差勝矣，故名『法製藍田玉』。

豆粥

漢光武在蔞亭時，得馮異奉豆粥，至久且不忘報，況山居可無此乎？用沙瓶爛煮赤豆，候粥少沸，投之同煮，既熟而食。東坡詩曰：『豈如江頭千頃雪色蘆，茅簷出沒晨煙孤。地碓舂粳光似玉，沙瓶煮豆軟如酥。我老此身無著處，賣書來問東家住。卧聽雞鳴粥熟時，蓬頭曳履君家去。』此豆粥之法也。若夫金谷之會，徒咄嗟以誇客，孰若山舍清談徜徉，以候其熟也。

蟠桃飯

採山桃，用米泔煮熟，漉寘水中。去核，候飯湧，同煮頃之，如盦[一]飯法。東坡用石曼卿[二]海州事詩云：『戲將核桃裹紅泥，石間散擲如風雨。坐令空山作錦繡，綺天照海光無數。』此種桃法也。桃三李四，能依此法，越三年，皆可飯矣。

注釋：

[一]盦：原意爲覆蓋，此處引申爲用蓋着蓋子的器皿燜燒。

[二]石曼卿：即石延年，字曼卿，宋城（今屬河南）人，北宋文學家。著有《石曼卿詩集》。

寒具

晉桓玄喜陳書畫，客有食寒具不濯手而執書帙者，偶污之，後不設。寒具，此必用油蜜者。《要術》並《食經》者，只曰「環餅」，世疑「饊子」也，或巧夕酥蜜食也。杜甫十月一日乃有「粔籹作人情」之句，《廣記》則載於寒食事中。三者俱可疑。及考朱氏[一]注《楚辭》「粔籹蜜餌，有餦餭些」，謂「以米麵煎熬作之，寒具也」。以是知《楚辭》一句，是自三品：粔籹乃蜜麵之乾者，十月開爐，餅也；蜜餌乃蜜麵少潤者，七夕蜜食也；餦餭乃寒食具，無可疑者。閩人會姻名煎鋪，以糯粉和麵，油煎，沃以糖。食之不濯手，則能污物，且可留月餘，宜禁烟用也。吾翁和靖先生[二]《山中寒食》詩云：「方塘波靜杜蘅青，布谷提壺已足聽。有客初嘗寒具罷，據梧慵復散幽經。」吾翁讀天下書，和靖先生且服其和琉璃堂圖事。信乎，此爲寒食具者矣。

注釋：

[一]朱氏：即朱熹。

[二]和靖先生：即林逋（九六七—一〇二九），字君復，錢塘（今浙江杭州）人。晚年隱居杭州，种梅養鶴，終身不娶不仕，故有「梅妻鶴子」之稱。卒謚和靖先生。

黃金雞

李白詩云：『堂上十分緑醑酒，杯中一味黃金雞。』其法：燖[一]雞净洗，用麻油、鹽、水煮，入葱、椒。候熟，擘[二]釘，以元汁別供。或薦以酒，則『白酒初熟』『黃雞正肥』之樂得矣。有如新法川炒等製，非山家不屑爲，恐非真味也。或取人字爲有益，今益作人字雞，惡傷類也。每思茅容以雞奉母，而以蔬奉客，賢矣哉！《本草》云：『雞，小毒，補，治滿。』

注釋：

[一]燖（音尋）：禽獸殺後用開水去毛。

[二]擘：分開，剖裂。

槐葉淘

杜甫詩云：『青青高槐葉，采掇付中廚。新麪來近市，汁滓宛相俱。入鼎資過熟，加餐愁欲無。』即此見其法：於夏，采槐葉之高秀者。湯少瀹，研細濾清，和麪作淘，乃以醯、醬爲熟齏。簇細茵，以盤行之，取其碧鮮可愛也。末句云：『君王納凉晚，此味亦時須。』不惟見詩人一食未嘗忘君，且知貴爲君王，亦珍此山林之味。旨哉！詩乎！

地黄餺飥[一]

崔玄亮《海上方》[二]：『治心痛，去蟲積，取地黄大者，净洗擣汁，和細麵，作餺飥，食之，出蟲尺許，即愈。』正元間，通事舍人崔杭女作淘食之，出蟲，如蟆狀，自是心患除矣。《本草》：浮爲天黄，半沉爲人黄，惟沉底者佳。宜用清汁，入鹽則不可食。

或净洗細截，和米煮粥，良有益也。

注釋：

[一]餺飥（音博托）：也作『鎛飥』『不托』，一種麵或米粉製成的食物。

[二]崔玄亮《海上方》：即唐人崔玄亮所撰《海上集驗方》。

梅花湯餅

泉之紫帽山，有高人嘗作此供。初浸白梅、檀香末水，和麵作餛飩皮。每一疊用五分鐵鑿如梅花樣者，鑿取之。候煮熟，乃過於雞清汁內，每客止二百餘花。可想，一食亦不忘梅。後留玉堂[一]元剛亦有如詩：『恍如孤山下，飛玉浮西湖。』

注釋：

[一]留玉堂：即留元剛，字茂潛，泉州（今屬福建）人，南宋詞人。著有《雲麓集》。

椿根餛飩

劉禹錫煮樗[一]根餛飩皮法：立秋前後，謂世多痢及腰痛。取樗根一兩，握擣篩，和麵，捻餛飩如皂莢子大。清水煮，日空腹服十枚。並無禁忌。

山家良有客至，先供之十數，不惟有益，亦可少延早食。椿實而香，樗疎而臭，惟椿根可也。

注釋：

[一]樗（音初）：木名，即臭椿。

玉糝[一]羹

東坡一夕與子由[二]飲，酣甚，槌蘆菔[三]爛煮，不用他料，只研白米爲糝。食之，忽放箸撫几曰：『若非天竺酥酡，人間决無此味。』

注釋：

[一]糝（音傘）：飯粒。

[二]子由：即蘇軾之弟蘇轍，字子由，著有《欒城集》。與父蘇洵、兄蘇軾齊名，合稱爲『三蘇』。

[三]蘆菔：即蘿蔔。

百合麪

春秋仲月，採百合根，曝乾，搗篩，和麪作湯餅，最益血氣。又，蒸熟可以佐酒。《歲時廣記》[一]：『二月種，法宜雞糞。』《化書》[二]：『山蚯化爲百合，乃宜雞糞。』豈物類之相感耶？

注釋：

[一]《歲時廣記》：南宋陳元靚編，共四十卷，是研究節日民俗的重要資料。

[二]《化書》：亦名《譚子化書》，譚峭撰。譚峭，字景昇，唐末五代時期道教代表人物。

栝蔞粉

孫思邈法：深掘大根，厚削至白，寸切，水浸，一日一易，五日取出。搗之以力，貯以絹囊，濾爲玉液，候其乾矣，可爲粉食。雜粳爲糜，翻匙雪色，加以乳酪，食之補益。又方：取實，酒炒微赤，腸風血下，可以愈疾。

素蒸鴨又云盧懷謹事

鄭餘慶召親朋食，敕令家人曰：『爛煮去毛，勿拗折項。』客意鵝鴨也。良久，各蒸葫蘆一枚耳。今岳倦翁珂[一]《書食品付庖者》詩云：『動指不須占染鼎，去毛切莫拗蒸壺。』岳，勳閥也，而知此味，異哉！

注釋：

[一]岳倦翁珂：即岳珂（一一八三—約一二四三），字肅之，號倦翁，相州湯陰（今屬河南）人，岳飛之孫。著有《桯史》《愧郯録》等。

黄精果 餅茹

仲春，深採根，九蒸九曝，搗如飴，可作果食。又，細切一石，水二石五升，煮去苦味，漉入絹袋壓汁，澄之，再煮如膏。以炒黑豆黄爲末，作餅約二寸大。客至，可供二枚。又，採苗，可爲菜茹。隋羊公《服法》：『芝草之精也，一名仙人餘糧。』其補益可知矣。

傍林鮮

夏初，林筍盛時，掃葉就竹邊煨熟，其味甚鮮，名曰『傍林鮮』。文與可守臨川，正與家人煨筍午飯，忽得東坡書。詩云：『想見清貧饞太守，渭川千畝在胸中。』不覺噴飯滿案。想作此供也。大凡筍貴甘鮮，不當與肉爲友。今俗庖多雜以肉，不纔有小人，便壞君子。『若對此君成大嚼，世間那有揚州鶴[一]』，東坡之意微矣。

注釋：

[一] 若對此君成大嚼，世間那有揚州鶴：出自蘇軾《於潛僧緑筠軒》：『可使食無肉，不可使居無竹。無肉令人瘦，無竹令人俗。人瘦尚可肥，俗士不可醫。傍人笑此言，似高還似癡。若對此君仍大嚼，世間那有揚州鶴。』

雕菰飯

雕菰，葉似蘆，其米黑，杜甫故有『波翻菰米沉雲黑』之句，今胡穄是也。曝乾，礱洗，造飯既香而滑，杜詩又云『滑憶雕菰飯』。又，會稽人顧翺事母孝著。母嗜雕菰飯，翺常自採擷。家住太湖，後湖中皆生雕菰，無復餘草，此孝感也。世有厚於己、薄於奉親者，視此寧無愧乎？嗚呼！孟筍[一]王魚[二]，豈有偶然哉！

注釋：

[一]孟筍：代指『二十四孝』中的『哭竹生筍』。三國時吴人孟宗侍奉母親至孝，冬日爲生病的母親尋找鮮筍不得，抱竹哭泣，孝感天地，竹筍破土而出。

[二]王魚：代指『二十四孝』中的『卧冰求鯉』。西晋時王祥的繼母喜好鮮魚，王祥在冬天趴在冰面上捉魚，誠孝格天，雙鯉從裂開的冰面中躍出。

錦帶羹

錦帶者，又名文官花也，條生如錦。葉始生柔脆，可羹，杜甫詩有『香聞錦帶羹』之句。或謂蒓之縈紆如帶，況蒓與菰同生水濱。昔張翰[一]臨風，必思蒓鱸以下氣。按《本草》：『蒓鱸同羹，可以下氣止嘔。』以是知張翰當時意氣抑鬱，隨事嘔逆，故有此思耳，非蒓鱸而何？杜甫卧病江閣，恐同此意也。

謂錦帶爲花，或未必然。僕居山時，因見有羹此花者，其味亦不惡。注謂『吐錦雞』，則遠矣。

注釋：

[一]張翰：字季鷹，吴郡吴縣（今江蘇蘇州）人，西晋文學家。因見秋風起，張翰思念家鄉的蓴羹、鱸魚，作《思吴江歌》：『秋風起兮木葉飛，吴江水兮鱸正肥。三千里兮家未歸，恨難禁兮仰天悲。』『蓴鱸之思』後成爲思鄉的代名詞。

煿[一]金煮玉

筍取鮮嫩者，以料物和薄麵，拖油煎，煿如黄金色，甘脆可愛。舊遊莫干，訪霍如庵正夫，延早供。以筍切作方片，和白米煮粥，佳甚。因戲之曰：『此法製惜氣也。』濟顛[二]《筍疏》云：『拖油盤内煿黄金，和米鐺中煮白玉。』二句兼得之矣。霍北司，貴分也，乃甘山林之味，異哉！

注釋：

[一]煿（音博）：煎烤。

[二]濟顛：即濟公和尚。

土芝丹

芋，名土芝。大者，裹以濕紙，用煮酒和糟塗其外，以糠皮火煨之。候香熟，取出，安拗地內，去皮溫食。冷則破血，用鹽則泄精。取其溫補，其名「土芝丹」。

昔懶殘師正煨此牛糞火中。有召者，卻之曰：「尚無情緒收寒涕，那得工夫伴俗人。」又，山人詩云：「深夜一爐火，渾家團欒坐。煨得芋頭熟，天子不如我。」其嗜好可知矣。

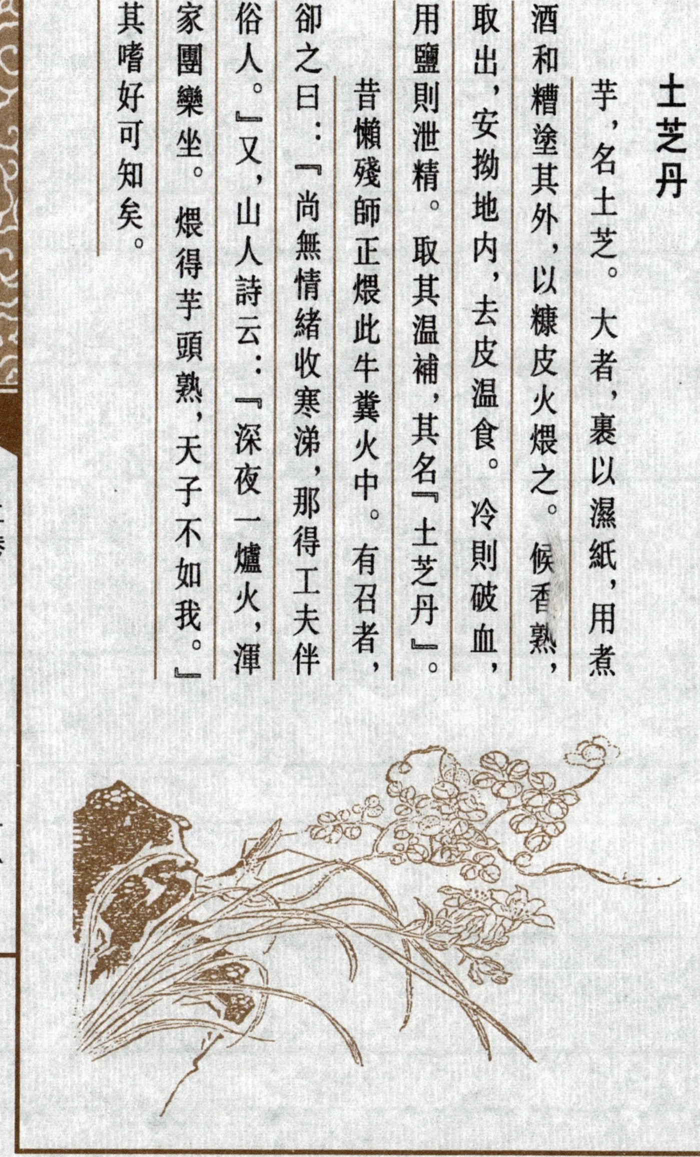

小者，曝乾入瓮，候寒月，用稻草盦熟，色香如栗，名土栗。雅宜山舍擁爐之夜供。趙兩山汝塗詩云：「煮芋雲生鉢，燒茅雪上眉。」蓋得於所見，非苟作也。

柳葉韭

杜詩「夜雨剪春韭」，世多誤爲剪之於畦，不知剪字極有理。蓋於煠時必先齊其本，如烹薤「圓齊玉箸頭」之意。乃以左手持其末，以其本竪湯内，少煎其末。棄其觸也，只煠其本，帶性投冷水中。取出之，甚脆。然必以竹刀截之。

韭菜嫩者，用薑絲、醬油、滴醋拌食，能利小水，治淋閉。

松黄餅

暇日，過大理寺，訪秋岩陳評事介。留飲。出二童，歌淵明《歸去來辭》，以松黄餅供酒。陳角巾美髯，有超俗之標。飲邊味此，使人洒然起山林之興，覺駝峰、熊掌皆下風矣。

春末，取松花黄和煉熟蜜，匀作如古龍涎餅狀，不惟香味清甘，亦能壯顔益志，延永紀筭。

酥瓊葉

宿蒸餅，薄切，塗以蜜，或以油，就火上炙。鋪紙地上，散火氣。甚鬆脆，且止痰化食。楊誠齋[一]詩云：『削成瓊葉片，嚼作雪花聲。』形容盡善矣。

注釋：

[一]楊誠齋：即楊萬里（一一二七—一二〇六），字廷秀，號誠齋，吉州吉水（今江西吉水）人。與尤袤、陸游、范成大並稱南宋『中興四大詩人』。

元脩菜

東坡有故人巢元脩菜詩云。每讀『豆莢圓而小，槐芽細而豐』之句，未嘗不寘搜畦壟間，必求其是。時詢諸老圃，亦罕能道者。一日，永嘉鄭文干歸自蜀，過梅邊。有叩之，答曰：『蠶豆也，即彎豆也。蜀人謂之巢菜。苗葉嫩時，可採以爲茹。擇洗，用真麻油熟炒，乃下鹽、醬煮之。春盡，苗葉老，則不可食。坡所謂「點酒下鹽豉，縷橙芼薑蔥」者，正庖法也。』

君子恥一物不知，必游歷久遠，而後見聞博。讀坡詩二十年，一日得之，喜可知矣。

紫英菊

菊，名治蘠，《本草》名節花。陶注[一]云：『菊有二種，莖紫，氣香而味甘，其葉乃可羹；莖青而大，氣似蒿而苦，若薏苡，非也。』今法：春採苗、葉，略炒，煮熟，下薑，益羹之，可清心明目。加枸杞葉，尤妙。

天隨子[二]《杞菊賦》云：『爾菊未棘，乍菊未莎，其如予何。』《本草》：『其杞葉似榴而軟者，能輕身益氣。其子圓而有刺者，名枸棘，不可用。』杞菊，微物也，有少差，尤不可用。然則君子小人，豈容不辨哉！

注釋：

[一]陶注：即陶弘景撰《本草經集注》。

[二]天隨子：即陸龜蒙，字魯望，號天隨子、江湖散人、甫里先生，吴郡（今江蘇蘇州）人，唐代詩人。

銀絲供

張約齋[一]鎡性喜延山林湖海之士。一日午酌，數杯後，命左右作銀絲供，且戒之曰：『調和教好，又要有真味。』衆客謂：『必鱠也。』良久，出琴一張，請琴師彈《離騷》一曲。衆始知銀絲乃琴弦也；『調和教好』，調和琴也；『又要有真味』，蓋取陶潛『琴書中有真味』之意也。張，中興勳家也，而能知此真味，賢矣哉！

注釋：

[一]張約齋：即張鎡，字功甫，號約齋，居臨安（今浙江杭州），南宋詞人。著有《南湖集》。

鳧茨粉

鳧茨粉，可作粉食，其滑甘異於他粉。偶天台陳梅廬見惠，因得其法。

鳧茨，《爾雅》一名芍。郭[一]云：『生下田，似曲龍而細，根如指頭而黑。』即荸薺也。採以曝乾，磨而澄濾之，如綠豆粉法。後讀劉一止《非有齋類稿》，有詩云：『南山有蹲鴟，春田多鳧茨。何必泌之水，可以療我饑。』信乎！可以食矣。

注釋：

[一]郭：即東晋郭璞，撰《爾雅注》。

薝蔔煎　又名端木煎

舊訪劉漫塘[一]宰，留午酌，出此供，清芳極可愛。詢之，乃梔子花也。採大瓣者，以湯焯過，少乾，用甘草水稀麵，拖油煎之，名薝蔔煎。杜詩云：『於身色有用，與道氣相和。』今既製之，清和之風備矣。

注釋：

[一]劉漫塘：即劉宰（一一六六—一二三九），字平國，號漫塘病叟，金壇（今屬江蘇）人。著有《漫塘文集》。

蒿蔞菜　蒿魚羹

舊客江西林山房書院，春時，多食此菜。嫩莖去葉，湯焯，用油、鹽、苦酒沃之爲茹。或加以肉臊，香脆，良可愛。

後歸京師，春輒思之。偶與李竹埜制機伯恭鄰，以其江西人，因問之。李云：『《廣雅》名蔞，生下田，江西用以羹魚。陸《疏》[二]云：「葉似艾，白色，可蒸爲茹。」即《漢廣》[三]「言刈其蔞」之「蔞」矣。』山谷詩云：『蔞蒿數箸玉簪横。』及證以詩注，果然。李乃怡軒之子，嘗從西山問宏詞法，多識草木，宜矣。

注釋：

［一］陸《疏》：即三國時吴人陸璣撰《毛詩草木鳥獸蟲魚疏》。同後文『陸璣《疏》』。

［二］《漢廣》：《詩經·國風·周南》中的一篇，表達男子單戀情思。

玉灌肺

真粉、油餅、芝麻、松子、核桃去皮，加蒔蘿少許，白糖、紅曲少許，爲末，拌和，入甑蒸熟。切作肺樣塊子，用辣汁供。今後苑名曰『御愛玉灌肺』，要之，不過一素供耳。然以此見九重［一］崇儉不嗜殺之意，居山者豈宜侈乎？

注釋：

［一］九重：皇帝的代稱。

進賢菜　蒼耳飯

蒼耳，枲耳[一]也。江東名上枲，幽州名爵耳，形如鼠耳。陸璣《疏》云：葉青，白色，似胡荽，白華，細莖蔓生。採嫩葉洗焯，以薑、鹽、苦酒拌爲茹，可療風。杜詩云：『蒼耳况療風，童兒且時摘。』《詩》之《卷耳》首章云：『嗟我懷人，寘彼周行。』酒醴，婦人之職，臣下勤勞，君必勞之，因採此而有所感念。又，酒醴之用，以此見古者后妃，欲以進賢之道諷其上，因名『進賢菜』。張氏詩曰：『閨閫誠難與國防，默嗟徒御困高岡。觥罍欲解痛瘏恨，充耳元因避酒漿。』其子可雜米粉爲糗，故古詩有『碧澗水淘蒼耳飯』之句云。

注釋：

[一]枲（音喜）耳：亦名『蒼耳』『卷耳』『進賢菜』等。明李時珍《本草綱目》稱『其子炒去皮，研爲麪，可作燒餅食』。

山海兜

春採筍、蕨之嫩者，以湯瀹過。取魚、蝦之鮮者，同切作塊子。用湯泡裹蒸熟，入醬油、麻油、鹽，研胡椒，同緑豆粉皮拌勻，加滴醋。今後苑多進此，名『蝦魚筍蕨兜』。今以所出不同，而得同於俎豆間，亦一良遇也，名『山海兜』。或即羹以筍、蕨，亦佳。許梅屋棐詩云：『趁得山家筍蕨春，借廚烹煮自吹薪。倩誰分我杯羹去，寄與中朝食肉人。』

撥霞供

向遊武夷六曲，訪止止師。遇雪天，得一兔，無庖人可製。師云：『山間只用薄批、酒、醬、椒料沃之，以風爐安座上，用水少半銚[一]，候湯響，一杯後，各分以箸，令自筴入湯擺熟，啖之。乃隨宜，各以汁供。』因用其法，不獨易行，且有團欒熱暖之樂。

越五六年，來京師，乃復於楊泳齋[二]伯喦席上見此。恍然去武夷，如隔一世。楊，勳家，嗜古學而清苦者，宜此山家之趣。因詩之：『浪湧晴江雪，風翻晚照霞。』末云：『醉憶山中味，都忘貴客來。』猪、羊皆可。《本草》云：『兔肉補中，益氣。不可同雞食。』

注釋：

[一]銚（音掉）：煎藥或燒水用的器具。

[二]楊泳齋：即楊伯喦，字彥瞻，號泳齋，南宋學者，名將楊沂中諸孫。著有《六帖補》《泳齋近思録衍注》。

驪塘羹

曩客危驪塘[一]書院，每食後，必出茶湯，青白極可愛。飯後得之，醍醐甘露未易及此。詢庖者，止用菜與蘆菔，細切，以井水煮之爛爲度。初無他法，後讀東坡詩，亦只用蔓青、菜菔而已。詩云：『誰知南嶽老，解作東坡羹。中有蘆菔根，尚含曉露清。勿語貴公子，從渠嗜羶腥。』以此可想二公之嗜好矣。今江西多用此法者。

注釋：

[一]危驪塘：即危稹，本名科，字逢吉，號巽齋，別號驪塘，撫州臨川（今江西撫州）人，南宋詩人。嘗知漳州，於臨漳臺建龍江書院。著有《巽齋集》。

真湯餅

翁瓜圃[一]訪凝遠居士，話間，命僕作真湯餅來。翁曰：『天下安有假湯餅？』及見，乃沸湯炮油餅，一人一杯耳。翁曰：『如此，則湯炮飯，亦得名真炮飯乎？』居士曰：『稼穡作，苟無勝食氣者，則真矣。』

注釋：

[一]翁瓜圃：即翁定，字應叟，別字安然，號瓜圃，約生活在南宋寧宗、理宗時。著有《瓜圃集》。

沆瀣漿

雪夜，張一齋飲客。酒酣，簿書何君時峰出沆瀣漿一瓢，與客分飲。不覺，酒客爲之灑然。客問其法，謂得之禁苑，止用甘蔗、白蘿菔，各切方塊，以水爛煮而已。蓋蔗能化酒，蘿菔能消食也。酒後得此，其益可知也。《楚辭》有『蔗漿』，恐即此也。

神仙富貴餅

白术用切片子，同石菖蒲煮一沸，曝乾爲末，各四兩，乾山藥爲末三斤，白麵三斤，白蜜煉過三斤，和作餅，曝乾收。候客至，蒸食，條切，亦可羹。章簡公詩云：『术薦神仙餅，菖蒲富貴花。』

香圓杯

謝益齋奕禮不嗜酒，常有『不飲但能著醉』之句。一日書餘琴罷，命左右剖香圓作二杯，刻以花，温上所賜酒以勸客。清芬靄然，使人覺金樽玉斝皆埃溘之矣。香圓，似瓜而黄，閩南一果耳。而得備京華鼎貴之清供，可謂得所矣。

蟹釀橙

橙用黄熟大者，截頂，剜去穰，留少液。以蟹膏肉實其内，仍以帶枝頂覆之，入小甑，用酒、醋、水蒸熟。用醋、鹽供食，香而鮮，使人有新酒菊花、香橙螃蟹之興。因記危巽齋稹贊蟹云：『黄中通理，美在其中。暢於四肢，美之至也。』此本諸《易》[一]，而於蟹得之矣，今於橙蟹又得之矣。

注釋：

[一]此本諸《易》：引自《易·坤》：『君子黄中通理，正位居體，美在其中，而暢於四支，發於事業，美之至也。』形容人内含聖德，通達天下道理。此處以蟹黄、蟹肉比之。

蓮房魚包

將蓮花中嫩房去穰截底，剜穰留其孔，以酒、醬、香料加活鱖魚塊實其內，仍以底坐甑内蒸熟。或中外塗以蜜，出楪，用漁父三鮮供之。三鮮，蓮、菊、菱湯齏也。

向在李春坊席上，曾受此供，得詩云：『錦瓣金蓑織幾重，問魚何事得相容。湧身既入蓮房去，好度華池獨化龍。』李大喜，送端硯一枚、龍墨五笏。

玉帶羹

春訪趙蒓湖璧，茅行澤雍亦在焉。論詩把酒，及夜無可供者。湖曰：『吾有鏡湖之蒓。』澤曰：『雍有稽山之筍。』僕笑：『可有一杯羹矣！』乃命僕作玉帶羹，以筍似玉，蒓似帶也。是夜甚適，今猶喜其清高而愛客也。每誦忠簡公『躍馬食肉付公等，浮家泛宅真吾徒』之句，有此耳。

酒煮菜

鄱江士友命飲，供以酒煮菜。非菜也，純以酒煮鯽魚也。且云：『鯽，稷所化，以酒煮之，甚有益。』以魚名菜，私竊疑之。及觀趙與時《賓退録》所載：靖州風俗，居喪不食肉，唯以魚爲蔬，湖北謂之魚菜。杜陵《白小》詩亦云：『細微霑水族，風俗當園蔬。』始信魚即菜也。趙，好古博雅君子也，宜乎先得其詳矣。